小型农田水利工程管理手册

雨水集蓄灌溉工程运行管理与维护

中国灌溉排水发展中心　组编

中国水利水电出版社
www.waterpub.com.cn
·北京·

内 容 提 要

　　《雨水集蓄灌溉工程运行管理与维护》分册系《小型农田水利工程管理手册》之一。本分册针对雨水集蓄灌溉工程运行与管理过程中发现的实际问题，以及在实际应用推广中提出的新需求，系统介绍了雨水集蓄灌溉工程特点、雨水集蓄灌溉工程各子系统工程运行管理与维修养护方法等。本分册在编写过程中，以相关规范和标准为依据，吸取国内外最新科研成果及实践经验，广泛征求了全国有关设计、科研、管理等部门及专家和技术人员的意见。

　　本分册内容通俗易懂，方法简单易行，注重实践，力求体现管理工作特点及管理人员需求，主要供基层水利工程管理单位、用水服务组织等技术人员日常管理维护以及技能培训使用，也可供其他从事水利工作的技术人员及大中专学校相关专业师生参考。

图书在版编目（ＣＩＰ）数据

雨水集蓄灌溉工程运行管理与维护 / 中国灌溉排水
发展中心组编. -- 北京：中国水利水电出版社，2022.2
　　（小型农田水利工程管理手册）
　　ISBN 978-7-5226-0489-3

Ⅰ.①雨… Ⅱ.①中… Ⅲ.①降水－蓄水－灌溉－农
田水利－水利工程管理－手册 Ⅳ.①S277-62

中国版本图书馆CIP数据核字(2022)第026578号

书　　　名	小型农田水利工程管理手册 **雨水集蓄灌溉工程运行管理与维护** YUSHUI JIXU GUANGAI GONGCHENG YUNXING GUANLI YU WEIHU
作　　　者	中国灌溉排水发展中心　组编
出 版 发 行	中国水利水电出版社 （北京市海淀区玉渊潭南路 1 号 D 座　100038） 网址：www.waterpub.com.cn E-mail：sales@mwr.gov.cn 电话：(010) 68545888（营销中心）
经　　　售	北京科水图书销售有限公司 电话：(010) 68545874、63202643 全国各地新华书店和相关出版物销售网点
排　　　版	中国水利水电出版社微机排版中心
印　　　刷	天津嘉恒印务有限公司
规　　　格	170mm×240mm　16 开本　1.75 印张　34 千字
版　　　次	2022 年 2 月第 1 版　2022 年 2 月第 1 次印刷
印　　　数	0001—3000 册
定　　　价	**15.00 元**

凡购买我社图书，如有缺页、倒页、脱页的，本社营销中心负责调换

《小型农田水利工程管理手册》

主　编：赵乐诗

副主编：刘云波　　冯保清　　陈华堂

《雨水集蓄灌溉工程运行管理与维护》分册

主　编：唐小娟　　王树鹏

主　审：朱　强

水利是农业的命脉。自中华人民共和国成立以来，经过几十年的大规模建设，我国累计建成各类小型农田水利工程 2000 多万处，这些小型农田水利工程与大中型水利工程一起，形成了有效防御旱涝灾害的灌溉排涝工程体系，保障了国家粮食安全，取得了以占世界 6% 的可更新水资源和 9% 的耕地，养活占世界 22% 人口的辉煌业绩。

2011 年《中共中央 国务院关于加快水利改革发展的决定》颁布以来，全国水利建设进入了一个前所未有的大好时期，中央及地方各级人民政府进一步完善支持政策，加大资金投入，推进机制创新，聚焦农田水利"最后一公里"，着力疏通田间地头"毛细血管"，小型农田水利建设步伐明显加快，工程网络更加完善，防灾减灾能力、使用方便程度和现代化水平不断提高，迎来了新的发展阶段。站在新的起点上，加强工程管护、巩固建设成果，保证工程长期发挥效益成为当前和今后农田水利发展的主旋律。

根据当前小型农田水利发展的新形势和实际工作需要，在水利部农村水利水电司的指导下，中国灌溉排水发展中心组织相关高等院校、科研院所、管理单位的专家学者，总结提炼多年来小型农田水利工程管理经验，编写了《小型农田水利工程管理手册》（以下简称《手册》）。《手册》涵盖了小型灌排渠道与建筑物、小型堰闸、机井、小型泵站、高效节水灌溉工程、雨水集蓄灌溉工程等小型农田水利工程。

《手册》以现行技术规范和成熟管理经验为依据，将技术要求具体化、规范化，将成熟经验实操化，突出了系统性、规范性、实用性。在内容与形式上尽可能贴近生产实际，力求简洁明了，使基层管理人员看得懂、用得上、做得到，可满足基层水利工程管理单位与用水服务组织技术人员日常管理、维护及技能培训需要，也可供其他从事水利工作的技术人员及大中专学校相关专业师生参考。《手册》对提高基层水利队伍专业水平，加强小型农田水利工程管理，推进农田水利事业健康发展，可以提供有力的支撑作用。

　　《手册》由赵乐诗任主编，刘云波、冯保清、陈华堂任副主编；顾斌杰在《手册》谋划、组织、协调等方面倾注了大量心血，王欢、王国仪在《手册》编写过程中给予诸多指导与帮助；冯保清负责《手册》整体统筹与统稿工作，崔静负责具体组织工作。

　　雨水集蓄灌溉工程是山丘区农业灌溉的主要方式之一，小水窖、小水池等小型水利工程已在西北干旱区、西南山丘区得到广泛应用，并为抵御水旱灾害能力、改善农民生活条件、因地制宜发展农业灌溉提供了有力支撑。为加强雨水集蓄灌溉工程管理与维护，确保工程安全，满足用户用水需要，长久发挥经济效益、社会效益和生态效益，特编写《雨水集蓄灌溉工程运行管理与维护》分册（以下简称《雨水集蓄分册》）。

　　《雨水集蓄分册》主要以基层管理人员为读者对象，重点从工程管理和用水管理两个方面对雨水集蓄灌溉工程的运行管理与维护进行阐述。

　　《雨水集蓄分册》由唐小娟、王树鹏主编，李元红指导编写工作，朱强主审。

　　《雨水集蓄分册》在编写过程中参考引用了许多文献资料，特向有关作者致以诚挚谢意。本书在编写过程中，得到甘肃、宁夏、贵州等3省（自治区）水利厅，甘肃会宁县、宁夏隆德县、贵州荔波县等3县水利局以及有关单位和技术人员的大力支持，在此一并致谢！由于时间仓促和水平所限，本书难免存在疏漏，恳请批评指正。

编者

2021 年 11 月

目录

第一章

概述

第一节　雨水集蓄灌溉工程定义

雨水集蓄灌溉工程是指采取工程措施对雨水进行收集、储存和实施高效灌溉的微型水利工程。

第二节　雨水集蓄灌溉工程组成和分类

（1）雨水集蓄灌溉工程一般包括集流工程、蓄水工程、附属建筑物和灌溉设施等几部分。集流工程包括集流面、截流渠、汇流渠和输水渠（管），附属建筑物包括沉沙池、拦污栅、提水设备，灌溉设施包括灌溉输水管、给水栓、滴灌带（管）、滴头、喷头等。

（2）集流面可分为现存建筑物弱透水面、天然坡面和专门修建的经过防渗处理的专用集流面。

（3）蓄水工程可分为水窖、水窑等地下埋藏式蓄水建筑物，地面式水池，微型塘坝，储水罐和利用沟渠网式蓄水工程等。

（4）提水设备主要有吊桶、手压泵和潜水泵等。

第三节　雨水集蓄灌溉工程特点

（1）雨水集蓄灌溉工程是微型水利工程，集蓄的水量较少，其蓄水容

积一般不大于 $500 \mathrm{m}^3$。

（2）雨水集蓄灌溉和一般节水灌溉比较，其灌溉用水量要小得多。根据我国雨水集蓄灌溉实践，雨水集蓄灌溉水量只占作物耗水量的 $15\% \sim 20\%$。严格讲，雨水集蓄灌溉农业仍属于雨养农业的范畴，但是可认为是一种新型雨养农业。

（3）雨水集蓄利用系统规模小，应强调高效用水，提高单方集蓄雨水的产出效益。雨水集蓄灌溉主要用于高经济附加值的作物，特别适宜与温室大棚相结合，发展高效设施农业。

第四节　雨水集蓄灌溉工程管理维护一般要求

（1）雨水集蓄灌溉工程施工标准较低，应特别强调周期性的巡查与维护，确保安全运行，保证持续发挥效益。

（2）雨水集蓄灌溉工程应遵循"谁受益、谁维护、谁管理"的原则，所有权一般归农户所有。因此，管理运行主要依靠农户或者用水者协会进行。同时，各级水利部门，特别是县级水利部门和乡（镇）水利管理人员应把帮助农户安全运行雨水集蓄灌溉工程、不断提高该工程效益作为重要工作内容之一。可采取以下方式：

1）通过专题培训、现场观摩、散发宣传资料、举办科普日活动等多种形式介绍先进农户提高集雨灌溉工程效益的成功经验，帮助农民掌握维护集雨灌溉工程、设备以及开展节水灌溉的技术与方法，提高农户的认知水平。

2）通过纸质资料、互联网等形式，为农户提供节水灌溉技术、设备以及农产品市场信息。

3）有条件的地方，基于农户自愿原则，可组建集雨灌溉用水农户协会，作为信息交流的平台。鼓励和支持农户组成灌溉专业户，承包农户农田或温室大棚灌溉等。对于几家或村组共有的雨水集蓄灌溉工程，应帮助村组建立集雨灌溉用水者协会，管理水量分配、工程维护、水费征收和使用等事宜。

第二章

雨水集蓄灌溉工程管理

第一节 集流系统管理

雨水集蓄灌溉系统的集流面以现存建筑物的不透水性或弱透水性表面为主。在湿润地区除上述形式外，还可利用天然坡面，包括土质和岩石坡面等表面。在特别干旱地区，可采取防渗措施建立专用集流面，通常用混凝土衬砌山坡面或山丘顶部作为集流面。

一、集流系统管理

1. 现存建筑物集流面工程管理

此类集流面本身就是现存建筑物的表面，例如，房屋屋面、公路面、农村道路、场院以及温室大棚的塑料棚面等。集流系统管理就是对这类集流面的引水沟渠和输送集雨到蓄水建筑物的输水渠进行维护。

（1）保持引水用的挡水坎完好。利用公路集流面（图2-1）时，需在公路排水沟中建一挡水坎，把水引入蓄水建筑物。当发生较大洪水和暴雨时，挡水坎容易损坏或冲毁，应及时维修。有时挡水坎是临时修建的，仅在公路排水沟中起引水作用，在降雨后停止引水时，应当把此临时挡水坎去除，以免影响公路的正常排水。

（2）应对利用现存建筑物表面引水的渠道及时维修。一是在发生洪流造成引水渠损坏（土渠冲蚀、渠道衬砌冲毁等）时，应及时维修；二是在寒冷地区，由于冻融作用造成引水渠混凝土或浆砌石衬砌损坏时，应进行定期维修。

（3）对引水渠中淤积的泥沙应定期清理，从而保证引水畅通。

图2-1　公路集流面　　　　　图2-2　混凝土专用集流面

2. 天然坡面集流面工程管理

（1）对此类集流面的维护，除了对引水渠道进行如前所述的维护外，对土质坡面修建的截流沟、汇流渠，也应及时维修。其中汇流渠通常平行于等高线方向，流速大，易造成冲刷破坏，应注意观察。若发现问题，应及时维修。

（2）土质坡面集流面在发生暴雨时，容易受到冲刷破坏，从而影响集流效率。岩石坡面地区应注意采取措施防止坡面上石块受冲刷滚落造成安全事故，或砸坏雨水集蓄灌溉系统。因此，采用天然坡面集雨的，可在坡面实施植树种草措施。

（3）天然坡面集流面可因地制宜种植牧草，以达到固定水土的作用。

3. 专用集流面工程管理

专用集流面常在山坡上或山丘顶部用混凝土或浆砌石衬砌防渗以达到提高集流效率的目的（图2-2）。混凝土衬砌厚度一般为3～6cm，但在遇到特大暴雨时容易被冲刷破坏。应经常检查是否有被破坏情况，尤其在夏季，以便及时发现问题、及时维修。对专用集流面的引水沟、输水渠也应进行经常性维护。

寒冷地区冬季降水（雨、雪）后，要及时清除集流面上的积雪和低洼处的积水，以免引起集流面的冻胀破坏。

二、集流面维修方法

（1）如果土质坡面被水冲蚀，应在冲蚀部位周围向外 20～30cm 范围内，清除被冲刷的土壤直至坚硬地基，再把含水量稍低于塑限的土壤（沙壤土或壤土）进行分层回填。人工填土每层厚度 15cm，夯实至 10cm 左右，夯实干容重应不小于 1.5t/m³；机械填土每层厚度 20cm，夯实干容重应不小于 1.65t/m³。最后应拍打表面，使之平整。

（2）如果混凝土衬砌表面发生浅表裂缝，混凝土本身仍保持完整，则只需对表面裂缝进行处理。方法是：如果裂缝宽度大于 5mm，可以先用清水冲洗裂缝，把裂缝中污泥碎屑冲出，待水分排除后，趁裂缝仍湿润时灌入水泥砂浆（水泥和中细沙配合比为 1：2）。砂浆应灌注密实，用刮刀把缝表面刮平。在砂浆初凝后养护 1 周。如果裂缝宽度小于 5mm，则应用凿子把裂缝适当扩大，再按上述方法处理。浆砌石砌缝开裂或脱落时，应将原砌缝水泥砂浆剔除，用清水冲洗出污泥和碎屑，再灌入水泥砂浆抹平，并进行养护。

（3）如果混凝土或浆砌石衬砌发生开裂并产生变形位移，应把开裂的混凝土或浆砌石清除。如果地基完好，可以在原地基上重新浇筑混凝土；如果地基已发生沉陷或产生管涌空洞，则需要把被冲刷的松土全部挖除，再用新土分层回填夯实，并在其上浇筑混凝土或砌筑浆砌石。

（4）如果混凝土浇筑分块或浆砌石分块接缝处的止水材料破坏或掉落，则应把接缝中止水材料残留物及其他污物清除。最好用清水冲洗，待完全干燥后，再在分块周围填入止水材料。一般可以采用沥青砂浆（沥青与中沙的配合比为 1：3）或预制的四油三毡止水片填塞接缝。

（5）维修集流面用的混凝土强度等级可采用 C15，砂浆强度等级可采用 M10。

第二节　蓄水建筑物管理

本节雨水集蓄灌溉工程蓄水建筑物管理主要介绍水窖、水窑和地面式水池工程管理（图 2-3～图 2-7）。

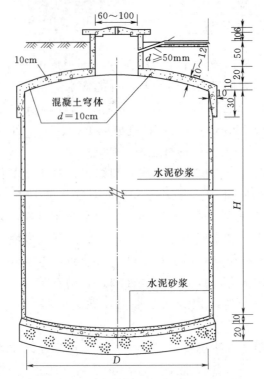

图 2-3　典型的西北地区圆形断面

水窖（单位：cm）

图 2-4　正在施工的矩形水窖

图 2-5　西北地区水窖布置示意图

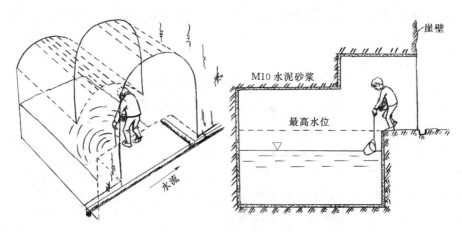

图 2-6　西北地区水窖剖面示意图

图 2-7　南方圆形和矩形水池示意图

一、水窖和水窑管理

水窖和水窑均为地下埋藏式蓄水建筑物。前者一般建于平地，垂直向下开挖而成；后者建于陡坎下，从水平方向往里开挖而成。按照土质条件的不同，圆形断面水窖结构可分为水泥砂浆薄壁式、混凝土穹顶式和混凝土圆筒式三种；矩形断面水窖一般为混凝土或浆砌石结构；水窑多为水泥砂浆薄壁式。主要管理要求如下：

1. 蓄水时的管理维护

下雨前要及时整修清理进水渠道和沉沙池，清除拦污栅前杂物，疏通进水管，使进水畅通。蓄水过程中要注意观察水窖（窑）水位，水位不能达到薄壁水窖的反坡部位、混凝土穹顶窖的穹底部或水窑内起拱处。水位达到上述位置时，要及时关闭水窖（窑）进水口，防止超蓄。对位于山坡旁和沟道内的水窖（窑），要设置排洪设施，防止山洪漫入水窖（窑），导致水窖（窑）淤积和毁坏。

2. 保持底部水层

水窖（窑）除了在进行清淤时需要排干外，一般情况下，底部应存留20cm的水层，使水窖（窑）内部始终保持湿润状态。

3. 清淤

水窖（窑）的清淤一般在蓄水用完时进行，当淤积比较轻微（淤积深度小于0.5m）时，当年可不清淤，否则要及时清淤。清淤一般采用人工清掏，有条件时也可以用泥浆泵抽排。

4. 水窖（窑）结构破坏的观察检查

当发生较小的结构破坏时，难以从水窖（窑）的外观发现。可以通过观察水窖（窑）的水位变化，及时发现水窖（窑）是否存在结构破坏。当水窖（窑）发生严重破坏时，水窖（窑）周围土体一般会出现明显的沉陷、坍塌。另外，在发生暴雨时，水窑可能发生顶部土层滑坡或顶部坍塌的情况，平常应注意观察。

5. 漏水和破坏部位的检查

（1）经常观测水位，当发现水窖（窑）内水位下降比正常情况明显加快时，则可能发生非正常漏水。应增加观测次数，查找漏水点，分析水窖（窑）漏水原因，进行有针对性的维修。

（2）查找漏水点。如果水位下降到一定高度后不再下降，说明漏水位置就在该高度附近的侧墙上。如果水位一直下降到水窖（窑）底，说明漏水可能发生在水窖（窑）的底部侧墙和底部。

（3）破坏部位的检查。可用光源或强光手电筒或在晴天阳光强烈时用镜子反光沿水窖（窑）壁四周从下往上仔细观察，如仍找不到原因，就必须待水窖（窑）排空后下窖察看。检查方法主要有：①"看"，看有无裂缝、砌体凹陷或变形发生；②"听"，用小锤轻敲水窖（窑）壁，听有无空洞声。如果发现缺陷处应及时标注。

6. 维修方法

（1）处理水窖（窑）砌体表面裂缝时，如果砂浆或混凝土产生浅表裂缝而整个砌体保持完整，此时可以只对裂缝进行处理，其方法可参考前文集流面裂缝处理方法。裂缝处理后，再在表面涂刷1～2层水泥浆液以加强防渗。

（2）因水窖（窑）砌体质量低劣而发生较宽裂缝或较大变形或砌体坍塌等现象，但周围土体仍稳定时，可以把砌体挖除，用木槌击打土体表面2～3遍，使土体密实，再重新进行砌筑（抹砂浆、浇筑混凝土或浆砌石等）。修复破坏窖（窑）壁和上部反坡、穿体结构或顶板部位的砌体时，若拆除原砌体易引起土体失稳，此时可以不拆除原砌体，而在原砌体外围整体加一层铁丝网（1mm铁丝2～3cm网格），在其上抹3层1：2水泥砂浆或浇筑10cm混凝土，再在表面刷1～2层水泥浆液。如在窖（窑）底部位，发现地基土沉陷或产生空洞，应挖除原砌体和发生破坏的地基土，再用好土分层夯实，最后再恢复砌体。

（3）如果水窖（窑）周围土体发生了大面积沉陷、变形甚至塌陷和管涌等现象，一般情况下，很难加以修复，只能放弃该水窖（窑）。但如果土体变形轻微，或只有局部地基土发生沉陷或空洞，则可以通过挖除受损砌体和地基土的方法修复。地基土的清除必须彻底，务必达到坚实的原基土层，再进行土体的回填夯实，直到恢复砌体。

（4）水窖（窑）维护时采用的混凝土强度等级一般为C20。圆筒式水窖（窑）钢筋混凝土顶板修复时，混凝土强度等级应为C20。抹面和浆砌石用的水泥砂浆强度等级一般采用M10。为增强防渗效果，纯水泥浆中的水泥和水的比例采用1：1.5～1：1。

二、水池管理

1. 水池管道阀门维护

应检查各类管道（进出水管、溢流管和排淤管）是否有淤泥、污物，应及时清理以保证畅通。检查出水管和排泥管的阀门能否正常使用，及时更换损坏的阀门。检查出水管、排水管和水池壁连接处的止水是否良好，发现渗漏应及时修理。

2. 保持水池底部水层

水池底部除了进行清理时需要排干外，一般情况下应保持池内20cm的水深，以防止底板开裂。

3. 水池侧墙渗漏破坏修复

经常检查水池周围土体是否有漏水情况发生，如果发现土体潮湿或水池土体外坡渗水，应查明漏水位置、漏水强度和漏水原因，并及时采取措施。如果漏水量不大且只发生在水池侧墙部位，此时不必放干水池中的水，可以挖除水池墙外漏水部位的土体，目测确定水池侧墙上漏水部位和发生漏水的严重程度。对侧墙的漏水点，应在水池内壁进行处理。如果砌体开裂不大且为非贯通缝时，可以只在水池内壁对裂缝灌注水泥砂浆或防水油膏。其方法可参考集流面裂缝的处理方法。对水池侧墙的处理建议先凿毛，清除原砌体表面及缝内残渣，冲洗干净并保持湿润，采用 1mm 铁丝 2~3cm 网格，用高强度等级砂浆或混凝土浇筑。

图 2-8　损坏混凝土拆除边界

如果墙体存在宽大贯通裂缝或断裂造成比较严重的漏水，则应拆除这部分墙体，再进行恢复。原结构为混凝土结构时，为使新旧混凝土结合良好，应使混凝土结合面成 45°的斜坡，如图 2-8 所示。

原结构为浆砌石时，应使拆除后砌石结合面的坡度不大于 60°，以利于新旧砌体结合。在浇筑混凝土时应在原混凝土面上凿毛，除去碎屑并洒水使表面充分湿润，再铺一层 1:2 的水泥砂浆，然后再浇筑新混凝土。砌筑新浆砌石时应用水冲去旧浆砌石岔口上的碎屑，再铺砌一层水泥砂浆，进行新石料砌筑。新浇筑体（砌体）应洒水养护 7d 以上。

4. 池底漏水破坏修复

当漏水发生在池底时，池水将完全渗漏直至露出池底。如果漏水量不大，目测观察到的水位下降很慢，说明池底砌体只发生了细微裂缝，对结构不会产生进一步的破坏，此时可以暂时不加处理，待池水完全排空后再处理。但如果水位下降明显，说明漏水较严重。此时，可以人为排空池水，或者等待水面下降直至露出池底后再进行维修。当水位快接近池底时，在渗漏处，水面会发生漩涡漏斗，可以据此大体确定漏水位置。要确切查明漏水部位，必须把可能漏水范围内的淤泥清除，通过目测查明漏水部位，再进行处理。修复方法要根据砌体破坏的情况来确定。如果水池水在较短时间内完全漏完，说明砌体的破坏比较严重，应将破坏部位及其半径 15~20cm 范围内的结构（混凝土或浆砌石）全部挖除，对混凝土结合面进行凿毛处理并冲洗清除泥沙和污物，铺一层水泥砂浆，再浇注新混凝土。当修补的混凝土面积大于 2m² 时，浇筑还应分块进行，以防止产生收缩裂缝。修补浆砌石时，应清除老浆砌石面上的砂浆，并将结合面冲洗干净，再进行座浆砌石。为加强新砌体的防渗效果，可在浇筑混凝土或砌筑新砌体前，在地基面上铺一层防渗塑料薄膜或土工膜。

如果砌体发生破坏的同时，地基土也发生了沉陷、空洞或塌陷，此时应将破坏的土体部位完全挖除，再分层回填夯实，干容重应不小于 $1.5t/m^3$。在新地基土表面铺一层塑料薄膜或土工膜，然后进行新砌体施工。

新的混凝土或浆砌石应进行洒水养护，也可在新的混凝土或浆砌石面上铺一层厚 10cm 左右的沙子或者塑料薄膜，并保持其处于湿润状态。

第三节 附属建筑物工程管理

一、沉沙池

（1）拦污栅的作用是拦截水流中的杂物，如树叶、杂草等漂流物和砖石块等。其位置设在水窖（窑）进口处，以便及时清理所拦杂物。

（2）发生较大洪水径流后，应将沉沙池内的淤积物及时清理掉。在降雨过后，由于沉沙池底低于出水口，池内常滞留一些水。干旱缺水地区应尽可能对这些水加以利用。可采用水桶把水舀入沉沙池后面的输水渠，使其进入蓄水建筑物。

（3）沉沙池受到洪水冲刷破坏后应及时修理，维修方法可参考前文表面式水池的维修方法。

二、输水渠道

（1）应对输水渠中的淤积物及时进行清理，保证水流畅通。

（2）当土质渠道发生冲刷时，应及时对冲蚀部位进行清除，松土后再用土回填，分层夯实。对于经常发生冲刷的渠道，应考虑进行衬砌防护。对于已衬砌渠道的混凝土或浆砌石衬砌受到水流冲刷破坏时，应及时修复，防止破坏扩大。修复方法可参考集流面和表面式水池结构维修方法。

三、警示标志和安全防护

（1）在蓄水设施旁边应安置醒目的安全标志牌，用于警示路人，防止发生意外。

（2）为确保作业安全，应采取以下安全措施：

1）在水窖（窑）的开挖过程中，应做好安全防护工作，防止坍塌等原因导致的意外。

2）在漏天水池周边应安装混凝土、竹子或者木桩子等材质的防护栏，以防人畜意外掉入。

第四节　灌　溉　设　施　管　理

雨水集蓄灌溉工程灌溉设施管理除主要参考本手册相关内容外，还应注意以下几点：

（1）灌溉设备维护，如坐水种机械、微灌设备等，应按照制造厂家提供的说明书，进行必要的维修养护。在播种结束后，应将坐水种机械水箱及管道内的水完全排除，并对设备进行必要的保养，之后方可存放于仓库内。

（2）作物收割后，在进行下一次耕作前，应将已破损的覆盖地膜收集起来，送交废品回收站。切勿到处弃置，以免造成"白色污染"。

（3）灌溉结束后，应将可拆除的灌溉设施，如滴灌带（管）、微喷头、地面管道和小孔出流灌设施收集整理，清洗并排除水分，妥善放置，防止鼠类咬坏。埋设在地下的管道也应排干水分，防止冬季冻坏。

第三章

雨水集蓄灌溉工程用水管理

雨水集蓄灌溉工程可利用水量十分有限，必须使雨水发挥最大效益，实现单方雨水效益（以实物产量或产出价值表示）最大化。同时，实施雨水集蓄利用的地区多为贫困偏远地区，应使雨水集蓄灌溉为该地区农民脱贫致富奔小康服务。基于此，集雨节灌应集中在作物需水最敏感期进行有限量的灌溉，使灌溉水的利用效率最高。同时，应尽量采取高效节水方法进行灌溉。灌水应集中于作物根区，尽量减少灌溉过程中的水量蒸发和深层渗漏损失。

第一节 灌溉制度确定

作物产量与灌水时间、灌水次数及灌水量密切相关，因此应根据当地气候、土壤、作物等具体条件，调查了解当地附近灌溉试验研究的有关成果，或者咨询有经验的农户，提出适宜当地条件的灌溉制度（灌水量、灌水次数和灌水时间）。

不同作物采用不同灌水方法时，灌水次数和每次的灌水量可参照《雨水集蓄利用工程技术规范》（GB/T 50596—2010）的推荐值确定。详见表3-1。

灌溉试验结果表明，灌水时间、灌水次数和灌水量对产量和灌水效率影响很大。例如，甘肃黄土地区对春小麦进行的雨水集蓄灌溉试验发现，灌溉定额采用 $30m^3$ 时，在孕穗期灌一次水比在拔节期灌水单产可增加 9kg/亩；同样的水量分别在拔节和孕穗期分 2 次各灌 $15m^3$/亩，则比集中在拔节期或孕穗期灌 1 次，单产可增加 24～31kg/亩。此外，灌水量对产

表 3-1　　不同年降水量地区作物集雨灌溉次数和灌水定额

作物	灌水方式	不同降水量地区灌水次数		每次灌水定额 /（m³/亩）
		多年平均降水量 250～500mm 地区	多年平均降水量 >500mm 地区	
玉米等旱田作物	坐水种	1	1	3～5
	点灌	2～3	2～3	3～6
	膜上穴灌	1～2	1～3	3～7
	注水灌	2～3	2～3	3～5
	滴灌、地膜沟灌	1～2	2～3	10～15
一季蔬菜	滴灌	5～8	6～10	10～12
	微喷灌	5～8	6～10	10～12
	点灌	5～8	6～10	6～10
果树	滴灌	2～5	3～6	8～10
	小管出流灌	2～5	3～6	10～16
	微喷灌	2～5	3～8	10～12
	点灌（穴灌）	2～5	3～6	10～12
一季水稻	"薄、浅、湿、晒"和控制灌溉	—	6～10	20～30

注　本表引自《雨水集蓄利用工程技术规范》（GB/T 50596—2010），其中面积单位已换算成亩❶。

量影响也很大。假定水窖（窑）蓄水 60m³，有 2 亩小麦地，如果把 60m³ 水分开灌 2 亩小麦，比用 60m³ 水集中灌 1 亩地，总产量平均要高出 33kg，增产幅度可达 14%。因此，要因地制宜地选择灌水时间、灌水次数和灌水量，尽量提高单方灌溉水的增产效益。

第二节　灌　溉　方　法

雨水集蓄灌溉工程所集蓄的雨水量十分有限，应尽量减少灌水过程中

---

❶　1 亩≈666.67m²。

的蒸发和深层渗漏损失，同时在经济上也能被农户所接受。因此采用的灌溉方法主要有以下几种。

一、坐水种

坐水种宜结合播种过程，向种子穴内灌入少量水，以保证种子出苗和幼苗期正常生长，可以与地膜覆盖、滴灌管的铺设结合进行。坐水种每亩灌水量为3～5m³，可以人工完成，也可以采用机械操作（图3-1、图3-2）。

图3-1　机械坐水种过程图

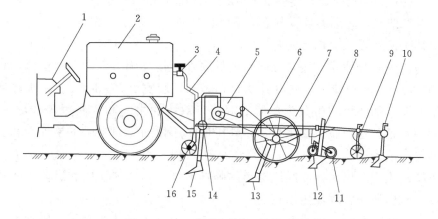

图3-2　坐水种机械和结构示意图

1—拖拉机；2—水箱；3—阀门；4—供水管；5—第二水箱；6—肥料箱；7—种子箱；8—铺膜支架；9—压膜轮；10—覆土铲；11—放膜轮；12—铺膜沟犁；13—下种施肥沟犁；14—出水开关；15—灌水沟犁；16—下种深度控制轮

1. 人工坐水种

人工坐水种步骤包括牲畜开沟，人工灌水（此步骤也可在铺设滴灌带后用滴灌带进行灌水），人工播种并覆土，铺设滴灌带，铺设塑料薄膜，在薄膜上堆土压边。完成此作业一般需要 5～7 人，效率较低。

2. 机械坐水种

机械坐水种可以分为简易机械方法和综合机械方法两种。

（1）简易机械坐水种。先由拖拉机牵引，在开沟的同时向沟中注水，待水渗入土中后，利用播种机进行播种、施肥和覆土等作业。为使上述作业连续进行，在第一条垄上开沟注水时播种机空行，待第 2 条垄开沟注水的同时，再由播种机在第 1 条垄上进行播种作业。

（2）综合机械坐水种。国内已研制了多种可以把下种、灌水、施肥、铺设滴灌带、铺设塑料薄膜、薄膜用土压边等多种作业一次性完成的机械。注水时，注水位置在种子位置以下，水不含泥，土不板结。作业效率高，需要人工少。

二、膜上灌溉

膜上灌溉是在播种后铺设农用地膜，待种子发芽后，在薄膜上用小刀划开十字孔，让幼苗长出，然后扩大开口，使降雨和灌水得以进入作物根区。膜上灌溉的要点是土壤必须平整，薄膜上不应有低洼处导致降雨滞留。

膜上灌水形式有以下几种：

（1）平铺打埂膜上灌，也叫高垄低膜细流沟畦膜上灌。在畦田侧向构筑高 20～30cm 的畦埂，畦田宽 0.9～3.5m，膜宽 0.7～1.8m。根据作物栽培需要，铺膜形式可分为单膜或双膜。双膜的中间和膜两边各有 10cm 宽的渗水带。这种膜上灌水技术，畦田低于原田面，灌溉时不易外溢和穿透畦埂，故入膜流量可加大，膜缝渗水带可以补充供水不足。这种灌溉形式主要用于玉米田上。双膜或宽膜的膜畦灌溉，为增加横向和纵向灌水均匀度，对田面平整程度要求较高。

（2）膜孔灌溉。地膜两侧必须翘起 5cm 高，并嵌入土埂中。膜畦宽度根据地膜和种植作物要求确定。双行种植玉米一般采用宽 90～160cm 的地膜；穴播小麦采用宽 145cm 以上的地膜。作物灌水通过在膜上人工开的孔（即放苗孔）供给。该灌水方法可提高灌水均匀度，节水效果好。

（3）开沟扶埂膜上灌。这种形式是用铺膜机把地膜铺在地表，两侧埋

图 3-3 雨水集蓄灌溉结合地膜覆盖

入地下。灌水前在两膜之间用开沟器开一条沟，作为灌水通道。

（4）翘边扶埂膜上灌。将地膜铺成梯形断面（两边翘起 5cm 埋入土内），埂高 15～18cm。可用膜上灌铺膜机一次完成。灌水通过膜孔或膜间缝隙进行。

（5）沟内膜上灌。把土地整成垄沟，沟深 25～30cm。将地膜铺在部分沟底和土垄两边，通过沟底膜缝灌水。

（6）膜缝灌。这种形式与前面沟内膜上灌的铺膜方法相反，把地膜铺在垄背上，相邻两膜在沟底形成灌水缝隙，水从此处灌入。

结合地膜进行灌溉除了能降低水分损失、提高灌水效率外，还可以增高地温，提前进行作物的播种。这对寒冷地区避免晚秋收获的作物遭受早霜冻大有益处。另外，地膜覆盖还可以抑制杂草生长，减少农田除草作业（图 3-3）。

三、点浇

点浇指从水窖（窑）或水池人工担水到田间，用容器在作物根部灌水（图 3-4）。当蓄水建筑物内水面比田面高时，可以用软管引水灌溉作物根部。

四、滴灌

雨水集蓄灌溉工程规模很小，为节省投资，一般宜采用移动式或半移动式滴灌。对不进行间作套种的果园也可采取固定式滴灌系统。

图 3-4 雨水集蓄灌溉点浇

1. 移动式滴灌

两眼水窖（窑）采取一套滴灌设备，控制 4 亩地，首部用手压泵作动力。或一套滴灌设备，4 眼水窖（窑），控制 8 亩地，首部用微型潜水电泵作动力。移动时，一条毛管可以移动数次，一组毛管可移动到另一处。用微型潜水泵作动力时，为了不停泵，可备用一组毛管，在第一组毛管灌完后，可先开备用的一组灌水，等已停的一组毛管水排空后，再移到另一处要灌的地方。如此反复移动，直到一眼水窖（窑）所控制的面积灌完后，再把整套滴灌系统移到另一区域进行灌溉（图3-5）。

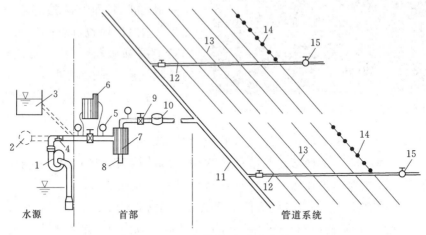

图3-5　雨水集蓄滴灌系统布置

1—水泵；2—供水管；3—高位水池；4—逆止阀；5—压力表；6—化肥罐；7—过滤器；

8—排泥管；9—阀门；10—水表；11—干管；12—支管；

13—滴灌带；14—灌水器；15—冲洗排淤阀

注：图中水泵、供水管和高位水池3种供水方式，可采用1～2种，以提高供水保证率。

2. 半移动式滴灌系统

半移动式滴灌系统可以在温室大棚或经济效益较高的大田中进行。其中，首部设备固定安装在大棚内，干管埋设于地下，支管和滴灌管可以在温室间和地块间移动。

为进一步节约灌溉用水，可采用膜下滴灌，以减少土壤水分蒸发，提高灌水效率（图3-6）。

五、微喷和小管出流

微喷灌水可以为半移动式或移动式。小管出流适用于果树灌溉，一般为固定系统。灌

图3-6　膜下滴灌

水结束后，灌水器宜收集，控干水分后保管。

六、高位水窖（窑）自流灌溉

当蓄水建筑物中的水位比要灌溉的土地高出 2m 以上时，可以利用此高程差进行自流灌水，以节约能源。当采用人工点灌方法时，可采用 10～20mm 软管用虹吸方法从水窖（窑）中吸水，在作物根部或膜上放水孔进行灌水。当高程差在 5m 以上时，还可直接给较小地块上的滴灌系统供水。

第三节　灌　溉　效　益

实施雨水集蓄灌溉的地区，多为贫困地区，除了要解决粮食安全问题之外，还应增加农户收入，加快脱贫致富奔小康的步伐。因此，为保证雨水集蓄灌溉产生最大经济效益，应注意下述两方面事项：

（1）调整农业结构，改变过去只种植粮食的单一农业经济模式。根据市场需求，发展地方特色农业，提高经济效益。种植经济作物和发展果园特色经济种物，可使单方雨水的产值提高几倍，甚至十几倍。有些农户利用储存的雨水，大力发展养殖业，同时，通过种植饲草又可使当地生态得到改善。

（2）通过雨水集蓄灌溉工程和温室大棚等设施农业联体建设，可以明显提高雨水集蓄利用灌溉的经济效益。一方面，温室大棚塑料薄膜棚面属于高效集流面，即使在半干旱地区，棚面上全年集流的水量也足以满足大棚一季蔬菜的需水量。另一方面，当温室大棚内种植蔬菜和其他经济作物时，单方雨水产生的效益是大田粮食的几倍甚至数十倍。大棚一年可以收获 2～3 茬，不仅使水土资源的效益得到充分发挥，而且收益增加，投入的资金在 1～2 年内便可回收。有些农户还把果树种在大棚内，使水果收获期提前 2 个多月，而提前上市果品的价格比正常产品高出数倍，这也是提高集雨节灌效益的好途径。

参 考 文 献

[1] GB 5084—2021 农田灌溉水质标准 [S].

[2] GB 50204—2015 混凝土结构工程施工质量验收规范 [S].

[3] DB62/T 2987.1—2019 行业用水定额 第 1 部分：农业用水定额 [S].

[4] JGJ/T 98—2010 砌筑砂浆配合比设计规程 [S].

[5] GB/T 50085—2007 喷灌工程技术规范 [S].

[6] GB/T 50485—2020 微灌工程技术规范 [S].

[7] GB/T 14684—2011 建设用砂 [S].

[8] 李方红，李援农，王增红，等. 膜孔灌溉技术研究的现状及展望 [J]. 西北农林科技大学学报（自然科学版），2005（4）：127 - 131.

[9] 04S803（GJBT—717）圆形钢筋混凝土蓄水池 [S].

[10] 05S804（GJBT—873）矩形钢筋混凝土蓄水池 [S].

[11] SL/T 269—2019 水利水电工程沉沙池设计规范 [S].

[12] 朱强，李元红，约翰·高德. 珍惜每一滴水 [M]. 北京：中国水利水电出版社，2014.

[13] DB62/T 3180—2020 农村雨水集蓄利用工程技术标准 [S].

[14] GB/T 50596—2010 雨水集蓄利用工程技术规范 [S].

[15] 康国玺. 集雨节灌工程 [M]. 兰州：兰州大学出版社，2005.

[16] 金彦兆，周录文，唐小娟，等. 农村雨水集蓄利用理论技术与实践 [M]. 北京：中国水利水电出版社，2017.

[17] 胡良明、高丹盈. 雨水综合利用理论与实践 [M]. 郑州：黄河水利出版社，2009.

[18] 顾斌杰. 雨水集蓄利用技术与实践 [M]. 北京：中国水利水电出版社，2001.

[19] 水利部农村水利司，财政部农业司. 农村集雨工程简明读本 [M]. 北京：中国水利水电出版社，2001.

[20] 李元红. 雨水集蓄利用工程技术 [M]. 郑州：黄河水利出版社，2011.

[21] 娄宗科. 雨水集蓄利用技术（二）[J]. 农村实用工程技术，2002（2）：14 - 14.